# BEI GRIN MACHT SICH IHR WISSEN BEZAHLT

- Wir veröffentlichen Ihre Hausarbeit, Bachelor- und Masterarbeit

- Ihr eigenes eBook und Buch - weltweit in allen wichtigen Shops

- Verdienen Sie an jedem Verkauf

Jetzt bei www.GRIN.com hochladen und kostenlos publizieren

Karsten Steffen

# Kernfusion als Alternative zu fossiler und Atomenergie

GRIN Verlag

**Impressum:**

Copyright © 2012 GRIN Verlag GmbH
Druck und Bindung: Books on Demand GmbH, Norderstedt Germany
ISBN: 978-3-656-20220-2

**Kernfusion als Alternative zu fossiler und uranbasierter Energieumwandlung.**

**Belegarbeit**

für das Studienfach Umwelttechnik

**an der Technischen Hochschule Wildau (FH)**

**Technische Hochschule Wildau (FH)**

**Fachbereich Ingenieurwesen/Wirtschaftsingenieurwesen**

**Studienrichtung: Ingenieurwesen**

**Studiengang: Wirtschaftsingenieurwesen**

eingereicht von:    Karsten Steffen

eingereicht am:    06.05.2012

Hochschule:    Technische Hochschule Wildau [FH]

                    Bahnhofstraße

                    15745 Wildau

**Bibliographische Beschreibung**


Karsten Steffen

**Aussicht auf die Kernfusion als Alternative zu fossiler und uranbasierter Energieumwandlung.**

Belegarbeit, Technische Fachhochschule Wildau 2012, **23** Seiten, **12** Abbildungen, **5** Tabellen, **30** Literaturangaben

**Ziel:**

Das Aufzeigen des derzeitigen technischen Stands der Kernfusion und der zugrunde liegenden Prinzipien. Aufführung der weltweiten Förderung von Fusionstechnologie mit der Fokussierung auf nationale und internationale Projekte wie dem Joint European Torus (JET), International Thermonuclear Experimental Reaktor (ITER), Demonstration Power Plant (DEMO) und Wendelstein 7-X des Max-Plank-Institut für Plasmaphysik (IPP).

**Inhalt:**

Diese Arbeit zeigt die historischen Entwicklungen, die zu der Technologie der Kernfusion geführt haben. Es werden physikalische Prinzipien wie der Tunneleffekt und der Massendefekt betrachtet, die eine Kernfusion erst möglich machen. Zudem werden technische Lösungen wie der magnetische Einschluss von Hochenergieplasmen beleuchtet, die es ermöglichen ein Plasma auf mehr als 100 Mio. Kelvin zu erhitzen. Mögliche Brennstoffe wie Wasserstoff oder Helium-3 werden dargestellt und ihre Vor- und Nachteile aufgezeigt.

Es wird gezeigt wie die Synergien dieser Technologien zu Konzepten wie den *TOKAMAK* und dem *Stellarator* führten und in welchem Stadium der Entwicklung sie diese Konzepte derzeit befinden. Zusätzlich werden die derzeitigen und zukünftigen nationalen und internationalen Forschungsprojekte wie der JET, der ITER, der DEMO und der Wendelstein 7-X dargelegt und betrachtet.

Diese Arbeit soll sowohl die technischen Potentiale als auch die technischen Hürden, die überwunden werden müssen um das Potential der Kernfusion in Zukunft technisch nutzbar zu machen, aufzeigen.

# Inhaltsverzeichnis

# Verzeichnis der Abkürzungen und Formelzeichen

| | | |
|---|---|---|
| E | Energie | [J] |
| m | Masse | [kg] |
| $\Delta$m | Massendifferenz | [kg] |
| c | Lichtgeschwindigkeit | [m/s] |
| $m_p$ | Protonenmasse | [kg] |
| $m_n$ | Neutronenmasse | [kg] |
| $m_{e^-}$ | Elektronenmasse | [kg] |
| $m_{ges}$ | Gesamtmasse eines Elementarteilchens | [kg] |
| $m_{He}$ | Masse eines Heliumatoms | [kg] |
| n | Neutron | |
| p | Proton | |
| D, $^2$H | Deuterium | |
| T, $^3$H | Tritium | |
| H, $^1$H | Wasserstoff/ Protium | |
| He | Helium | |
| B | Bor | |
| Be | Beryllium | |
| Ni | Nickel | |
| Zn | Zinn | |
| Ti | Titan | |
| $\gamma$ | Gamma | |
| UdSSR | Union der Sozialistischen Sowjetrepubliken | |
| SKE | Steinkohle Einheit | |
| ASDEX | **A**xial**s**ymmetrisches **D**ivertor-**Ex**periment | |
| JET | **J**oint **E**uropean **T**orus | |
| ITER | **I**nternational **T**hermonuclear **E**xperimental **R**eaktor | |
| MPI | **M**ax-**P**lanck-**I**nstitut für Plasmaphysik | |
| FTI | **F**usion **T**echnology **I**nstitute | |
| IPP | Max- Plank- **I**nstitut für **P**lasmaphysik | |
| EFDA | **E**uropean **F**usion **D**evelopment **A**greement | |
| DEMO | **Demo**nstration Power Plant | |
| EPR | **E**uropean **P**ressurized Water **R**eacto | |

# 1. Einleitung

Diese Arbeit soll die Möglichkeiten und den technischen Stand der Kernfusion aufzeigen. Es werden die physikalischen Grundlagen und die technischen Ansätze betrachtet, die zurzeit verfolgt werden und am erfolgversprechendsten erscheinen. Die technischen Ansätze werden untersucht um ihr Potential für die Zukunft ermessen zu können. Dies wird an Projekten wie der *Joint European Torus* (**JET**), *International Thermonuclear Experimental Reaktor* (**ITER**), *Demonstration Power Plant* (**DEMO**) und dem **Wendelstein 7-X** dargestellt.

Die Möglichkeit unter planetaren Bedingungen eine Kernfusion zu erzeugen, die verwendet werden kann um die kontinuierliche Versorgung mit Energie sicherzustellen, ist eine Aufgabe, der sich Wissenschaftler weltweit widmen, um die Energieumwandlung aus fossilen Rohstoffquellen und auf Uran basierenden Technologien adäquat ersetzen zu können. Die kontrollierte Kernfusion birgt das Potential die Klima beeinflussenden Emissionen und Abfälle zu reduzieren.

# 2. Grundlagen

Im Jahr 1919 beschoss Ernest Rutherford erstmals ein Stickstoffatom $^{14}\text{N}$ mit einem Alphateilchen (Heliumrumpf $^{4}\text{He}^{2+}$). Das Ergebnis dieses Versuchs war überraschend, da Rutherford statt den erwarteten kleineren Atomen, Atome des nächsten höheren Elements Sauerstoff $^{16}\text{O}$ entdeckte. Mit den damaligen physikalischen Theoremen konnte Rutherford dieses kernfusionsartige Verhalten nicht nachvollziehen.

Erst mit der Etablierung der Quantenmechanik und der Formulierung der Heisenbergschen Unschärferelation konnten diese Prozesse nachvollzogen werden. Diese beiden Theorien beschrieben die Anomalien des Massendefektes und des Tunneleffektes, mit denen George Anthony Gamow und Ernest Rutherford im Jahr 1928 den Versuch von Rutherford im Jahr 1919 nachvollziehen konnten. [5],[6]

## 2.1 Der Massendefekt

Bei der Fusion von Elementarteilchen entspricht die Masse des fusionierten Kernes nicht der Summe der Massen der an der Fusion beteiligten Elementarteilchen. Lise Meitner und Max Frisch begründeten diesen Masseunterschied mit der 1905 von Albert Einstein aufgestellten Theorie, die besagt, dass sich Materie in Energie und Energie in Materie umwandeln lässt. Die Gleichung $E = \Delta m * c^2$ besagt folglich, dass bei der Fusion wie auch bei der Spaltung von Elementarteilchen und Atomkernen Energie frei wird.

Im Februar 1939 veröffentlichte Lise Meitner ihren mathematischen Beweis zum Massendefekt. Ihre Rechnungen basierten auf der praktischen Forschung von *Otto Hahn* und *Fritz Straßmann*. [4],[6],[7]

## 2.2 Berechnung der Energie E am Beispiel eines Heliumatoms

Um das energetische Potential, das in der Kernfusion liegt, zu verdeutlichen, wird im Folgenden die bei einer Proton-Proton-Reaktion freiwerdende Energie berechnet. Die Kernfusionsprozesse in unserer Sonne basieren auf einer Proton-Proton-Reaktion und stellen damit den einzigen natürlichen uns bekannten Kernfusionsprozess dar.

Berechnung der Gesamtmasse der beteiligen Elementarteilchen $m_{ges}$

$$m_{ges} = 2m_e + 2m_p + 2m_n$$
$$m_{ges} = 1,821 \cdot 10^{-30} \, kg + 3,345 \cdot 10^{-27} \, kg + 3,349 \cdot 10^{-27} \, kg$$
$$m_{ges} = 6,696 \cdot 10^{-27} \, kg$$

Berechnung des Massendefekts $\Delta m$

$$\Delta m = Gesamtmasse - m_{He}$$
$$\Delta m = 6,696 \cdot 10^{-27} \, kg - 6,644 \cdot 10^{-27} \, kg$$
$$\Delta m = 5,226 \cdot 10^{-29} \, kg$$

Berechnung der frei gesetzten Energie $E$

$$E = \Delta m \cdot c^2$$
$$E = 5,226 \cdot 10^{-29} \, kg * \left( 299792458 \frac{m}{s} \right)^2$$
$$E = 4,697 \cdot 10^{-12} \, J$$

Umrechnung der frei gesetzten Energie $E$ von J in eV

$$E = \frac{4,697 \cdot 10^{-12} \, J}{1,602 \cdot 10^{-19}}$$
$$E = 29,3 \cdot 10^6 \, eV = 29,3 \, MeV$$

Bei einer Proton-Proton-Fusion wird eine Energie von **29,3 MeV** frei.[4]

## 2.3 Der Tunneleffekt

Fundamental für die Kernfusion ist der Tunneleffekt, der auf der *Quantenmechanik* und der *Heisenbergschen Unschärferelation* basiert. Der Tunneleffekt besagt, dass ein Teilchen eine normalerweise unüberwindbare Barriere überwinden kann, indem es sich die dafür notwendige, zusätzliche Energie vorrübergehend aus dem umgebenden System „*leiht*". Ist diese endliche Barriere durchtunnelt, gibt das Teilchen diese zusätzliche Energie wieder ab. Durch dieses physikalische Phänomen ist es möglich, dass Protonen die herrschende Abstoßungsbarriere der Atome bzw. Elementarteilchen überwinden können und eine Kernfusion möglich wird. *Ernest Rutherford* konnte dieses Verhalten in einem Experiment, das er im Jahr 1934 in einem Labor durchführte, nachweisen. Er verschmolz dabei die Wasserstoffisotope Deuterium $^2$**H** und Tritium $^3$**H** zu einem Heliumatom$^4$**He**. Die daraus resultierenden Erkenntnisse beeinflussten die zukünftige Forschung auf dem Gebiet der Kernphysik. [3],[7],[9]

## 2.4 Unkontrollierte Kettenreaktion

Am 01. November 1952 wird auf dem Eniwetokatoll im Pazifik die erste Fusionswaffe zur Detonation gebracht. Die Freisetzung von Energie durch das Verschmelzen von „*leichten*" Atomkernen auf der Erde ist damit praktisch bewiesen. Voraussetzung dafür war die Vollendung der vorangegangener Forschung von *Robert Oppenheimer* und seinem „*Manhattan Projekt*"-Team durch den Physiker *Edward Teller* und den Mathematiker *Stanislaw Ulam*. [1],[2],[6]

# 3. Stellare Kernfusion (Proton-Proton Prozess)

Bei der kontrollierten Kernfusion vollzieht sich die Fusion in 3 Schritten. In dem ersten Schritt fusionieren 2 Protonen *p*+ unter Abgabe eines Positrons und eines Elektron-Neutrinos zu einem schweren Wasserstoffisotop, dem Deuterium *D*. Je näher sich zwei positive Teilchen kommen, desto größer werden die Coulombschen Kräfte. Dennoch können durch thermale Energie und dem quantenmechanischen Tunneleffekt diese Coulombschen Barrieren überwunden werden. Auf der Sonne werden dafür Temperaturen von 15 Millionen Kelvin benötigt.

Im zweiten Schritt werden die Deuterium-Kerne durch die Kollision mit einem weiteren Proton *p*+ zu einem Heliumisotop (Helium-3 $^3$*He*), welches aus 2 Protonen *p*+ und einem Neutron *n* besteht, fusioniert. Dabei wird Energie frei unter Abgabe eines Gamma-Quants.

Im dritten Schritt verschmelzen 2 Helium-3-Kerne       zu einem stabilen Heliumatom       ,
dabei werden 2 Protonen und eine Energie von 26,2 MeV frei gesetzt (siehe *Kapitel 2.2*).

# 4. Die künstliche Kernfusion

Da die Proton-Proton-Prozesse in der Sonne zu lange dauern, als dass sie technisch auf der

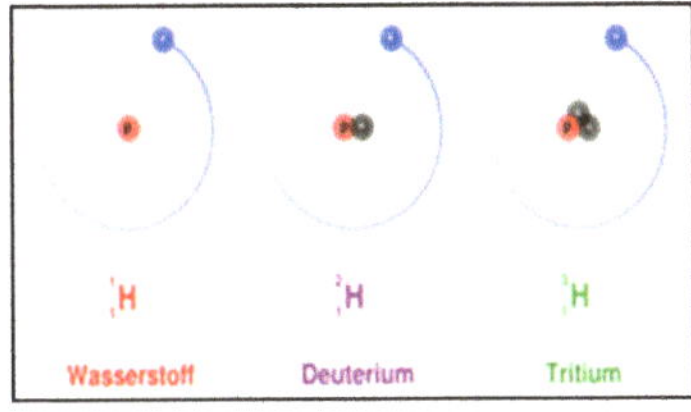


Abbildung 1: Atomkonfiguration der Wasserstoff Isotope
[15]

Erde dupliziert werden können, muss auf der Erde mit dem vorprozessierten Deuterium *D* und Tritium *T* gearbeitet werden um ein stabiles Plasma zu erzeugen, das zur Umwandlung in Strom genutzt werden kann. Des Weiteren müssen auf der Erde Temperaturen zwischen 100- 200 Mio. Kelvin erzeugt werden um eine künstliche Kernfusion zu

ermöglichen, da die Druckverhältnisse der Sonne auf der Erde technisch nicht simuliert
werden können.

Bei der Reaktion von Deuterium *D* und Tritium *T* $D+T\rightarrow^4He+n+17,6MeV$ wird ein
Neutron frei, das einen Teil der freiwerdenden Energie (14,1MeV) in die Reaktorwand
übertragen kann. Dort wird die kinetische Energie dieses Neutrons in Wärmeenergie und
letztendlich in elektrische Energie umgewandelt. Bei dieser Kernfusion wird rund 3 Millionen
Mal mehr Energie frei als bei dem Knallgasversuch, bei dem Wasserstoff *H* und Sauerstoff *O*
zu Wasser $H_2O$ oxidiert werden.

## 4.1 Das Plasma

Um die für einen Kernfusion auf der Erde benötigten
hohen Temperaturen zu erreichen, müssen die an der
Kernfusion beteiligten Brennstoffe in ein Plasma
überführt werden.

Ein Plasma ist ein Gas, das durch die ständige Zufuhr
von Energie elektrisch leitend wird. Dadurch werden
Elektronen aus den Atomen gerissen, die sich dann als
freie Elektronen in dem Gas bewegen. Das Plasma
besteht dann aus freien Elektronen **e**, Ionen und

Abbildung 2: Plasma-Entladung in einem Tokamak
Reaktor Max-Planck-Institut für Plasmaphysik

neutralen Atomen. Überwiegen Elektronen und Ionen in dem Gas, spricht man von einem
Plasma. „Aufgrund der Existenz frei beweglicher Ladungsträger ist das Plasma durch

elektrische und magnetische Felder beeinflussbar". Diese physikalischen Eigenschaften macht man sich bei der künstlichen Kernfusion zunutze um die hohen Temperaturen zu erreichen".[11]

## 4.2 Der Magnetische Einschluss

Beim Einschließen von Plasma in einem herkömmlichen Behälter würde das Plasma ständig erlöschen, da es bei Kontakt mit Materie schlagartig auf wenige 1000 Kelvin abgekühlt wird. Um das Plasma auf die benötigte Temperatur von 100 Mio. Kelvin zu erhitzen, wird es aus diesem Grund magnetisch und somit berührungslos eingeschlossen. Dieses Prinzip nennt man magnetischer Einschluss.

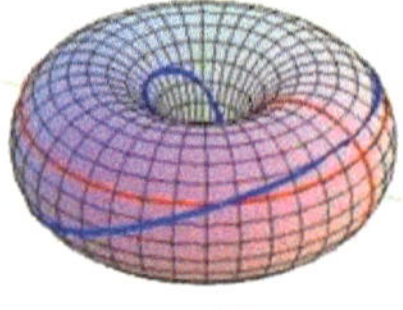

Abbildung 3: Torus [12]

Durch den magnetischen Einschluss wird das Plasma von den Reaktorwänden fern gehalten. Dabei werden die geladenen Teilchen im Plasma durch Magnetfelder in einen *„schwebenden"* Ring, dem sogenannten **„Torus"**, gehalten. Nur so können Temperaturen von über 100 Mio. Kelvin erreicht werden. Diese hohen Temperaturen werden benötigt um ein D+T Plasma zu *„zünden"* und so die Kernfusion zu ermöglichen.

Für die Wissenschaftler bedeutet der magnetische Einschluss Fluch und Segen zu gleich. So ist der magnetische Einschluss eine Voraussetzung dafür, dass die Temperaturen erreicht werden, bei denen eine Kernfusion möglich wird, gleichzeitig ist ein gleichmäßiger und stabiler magnetischer Einschluss jedoch nur mit hohem Aufwand zu ermöglichen. Das Unterbrechen des magnetischen Einschlusses stellt zugleich einen Sicherheitsaspekt beim Betrieb von Fusionsreaktoren dar, da bei Versagen der magnetischen Eindämmung der Fusionsprozess sofort unterbrochen wird.

## 4.3 Die Brennstoffe

Für die Kernfusion werden Atome benötigt, die zu neuen Atomen verschmelzen können. Dafür muss der *Brennstoff* die physikalischen Bedingungen erreichen, die zum Verschmelzen von Atomkernen benötigt werden.

Das Verschmelzen von Atomkernen läuft in unserer Sonne bei hohe Drücke und Temperaturen von rund 15,6 Mio. Kelvin ab. Die Drücke im Kern der Sonne von 200 Milliarden Bar sind technisch auf der Erde jedoch nicht zu erzeugen, deshalb muss der Druck durch höhere Temperaturen kompensiert werden (*siehe Prinzip des Schnellkochtopfes*). Die im Zentrum der Sonne herrschende Temperatur von rund 15,6 Mio. Kelvin muss dafür auf der Erde um den Faktor 7-13 gesteigert werden. So werden zum Beispiel für die Fusion von Wasserstoffkernen (*Deuterium/ Tritium*) rund 100 Mio. Kelvin benötigt. Beim Fusionieren von Atomkernen höherer Ordnung nimmt zwar die potentielle Fusionsenergie, die am Ende als nutzbare Energie zur Verfügung steht, zu, jedoch steigt gleichzeitig auch die dafür benötigte Temperatur exponentiell an, da bei Atomen höherer Ordnung die Abstoßungskräfte der Atomkerne zunehmen. *(siehe Abb. 4)*

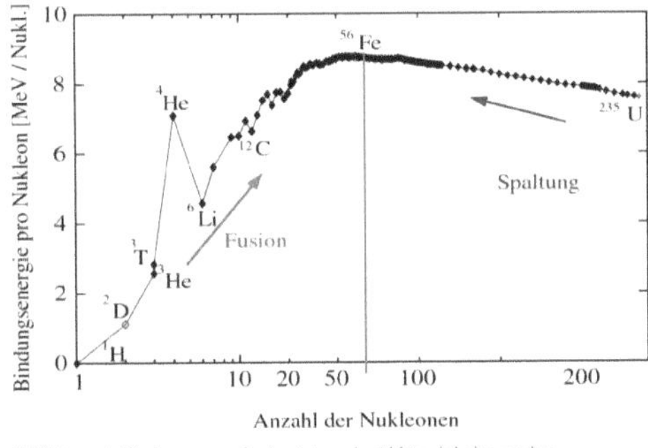


Abbildung 4: Bindungsenergie der Atome in Abhängigkeit von der atomaren Massenzahl A

Für eine Kernfusion eignen sich grundsätzlich alle Elemente unterhalb des Eisenatoms $^{56}_{26}$**Fe**. Ab diesem Element muss für die Fusion zusätzlich Energie bereitgestellt werden um die Kerne fusionieren zu lassen, was keinen energetischen Gewinn mehr zulässt.

## 4.3.1 Wasserstoff

Wasserstoff ist der Brennstoff in Sternen wie unserer Sonne und benötigt betrachtet die geringsten Temperaturen um eine Kernfusion unter planetaren Bedingungen zu ermöglichen. Eine Wasserstoffkernfusion ist die am weitesten verbreitete Methode das *„Fusionsfeuer"* zu entzünden und für die Stromerzeugung nutzbar zu machen.

Deuterium und Tritium sind Isotope des Wasserstoffs (*siehe Tabelle 1*), die sich lediglich durch die Anzahl der Neutronen unterscheiden und doch unterschiedliche physikalische Eigenschaften besitzen. Ein Deuterium-Tritium- Brennstoff Gemisch mit einer Masse von 1 Gramm kann in einem Fusionskraftwerk eine Energie von 88960 KWh liefern. Das

Tabelle 1: Gegenüberstellung der Wasserstoff Isotope

| | Wasserstoff (Protium) | Deuterium | Tritium | Einheit |
|---|---|---|---|---|
| Symbol | H | D | T | -- |
| Isotop | $^1$H | $^2$H | $^3$H | -- |
| Gefahrenkennzeichnung | brennbar | brennbar | radioaktiv | -- |
| Halbwertzeit | -- | -- | 12,32 | Jahre |
| Stabil | ja | ja | nein | -- |
| Aggregatzustand | gasförmig | gasförmig | gasförmig | -- |
| Schmelzpunkt | -259,1 | -254,4 | -252,5 | °C |
| Siedepunkt | -252,9 | -249,6 | -248,1 | °C |
| relative Häufigkeit auf der Erde | 99,98 | 0,0154 | rund 3,5 kg | % |

entspricht 10,93t Steinkohleeinheiten (SKE). <u>Zum Vergleich:</u> Ein 3-Personen Haushalt in Deutschland benötigt im Jahr durchschnittlich 3900 KWh (*Stand 2010*).

Deuterium ist ein geruchloses und brennbares Gas, das gebunden als Deuteriumoxid in Wasser vorkommt. Jeder Liter Wasser $^1H_2O$ enthält rund 0,02g Deuteriumoxid $^2H_2O$. Bei Tritium handelt es sich um ein instabiles Element, was auf der Erde nur im begrenzten Maße zur Verfügung steht und eine Halbwertzeit von 12,32 Jahren hat. Schätzungen zur Folge gibt es weltweit rund 3,5 kg Tritium. Das ist der Grund, warum Tritium künstlich im Reaktor erbrütet werden muss. Diese Reaktion ist in *Tabelle 2* dargestellt.

Bei der Fusion von D+ T werden hochenergetische Neutronen frei, die benutzt werden um Tritium aus reinem Lithium zu erbrüten. Indem die Blankets (engl. Blanket = Schicht; die erste Schicht der Reaktorwand) der Reaktoren mit Lithium $^7Li$ oder Beryllium $^9Be$ angereichert werden, ermöglicht man eine autarke Versorgung mit Tritium, da sich diese beiden Stoffe bei Beschuss mit freiwerdenden Neutronen zu Tritium reduzieren lassen.

Um das $^7Li$ oder $^9Be$ in der Reaktorwand in Tritium umzuwandeln, wird eine Energie von 2,74 MeV ($^7Li$) bzw. 1,57 MeV ($^9Be$) benötigt. Diese Energien müssen die Neutronen abgeben um die Atomkerne zu spalten. Da diese Energie nicht mehr für die Energiegewinnung zur Verfügung steht, muss sie bei der Betrachtung der Energiebilanz berücksichtigt werden. $^7Li$ und $^9Be$ dienen im Reaktor demnach als Neutronenvervielfältiger um das benötigte Tritium für die Kernfusion zur Verfügung zu stellen. Die Prozesse können durch die Konzentration der Elemente im Blanket beeinflusst und eingestellt werden. Zudem umgeht man durch das *Erbrüten* von Tritium im Reaktor m die Zufuhr des Brennstoffs von außen, dessen Kontrolle und Einspeisung zusätzliche Steuerung und Regelung bedürfen würden.

Tabelle 2: Blanket Material

| Blanket Material | | Tritium Erbrütung (Blanket Material) | | |
|---|---|---|---|---|
| | | Reaktionsprodukte | Energie in MeV | Bemerkung |
| $^6Li + n$ | $\rightarrow$ | $^4He+ T$ | 4,78 | — nicht alle Neutronen können Tritium erbrüten<br>— ein Teil des Tritiums zerfällt bevor es fusioniert<br>— Tritium Nachschub von außen nötig |
| $^7Li + n$ | $\rightarrow$ | $^4He+ T+ n$ | -2,47 | — setzt zusätzliches Neutron frei<br>— benötigt zusätzlich 2,5 MeV Energie<br>— leichter Tritiumüberschuss möglich und einstellbar |
| $^9Be+ n$ | $\rightarrow$ | $2\ ^4He + 2n$ | -1,57 | — Neutronenvermehrung<br>— benötigt zusätzlich 1,57 MeV Energie<br>— $^6Li$ und Tritium können erbrütet werden |

Die freiwerdenden hochenergetischen Neutronen stellen eine enorme Anforderung an die verwendeten Materialien in der Reaktorkammer dar, da sie stark beansprucht werden. Ferner kommt es bei dem Erbrüten von Tritium aus Lithium zu einer radioaktiven Kontamination der Reaktorkomponenten. Sie müssen nach außer Dienst stellen des Reaktors rund 100 Jahre strahlengeschützt zwischen gelagert werden um die Strahlungswerte unter die derzeitigen Höchstgrenzen abklingen zu lassen.

## 4.3.2 Helium-3

Einen alternativen Brennstoff stellt das Helium-3 $^3He$ dar. Bei der Kernfusion von zwei Helium-3 Kernen $^3He$ entstehen ein Heliumkern $^4He$ und zwei Protonen $2p$. (siehe *Tabelle 2*) Diese Protonen können durch ihre Ladung direkt in elektrische Energie umgewandelt werden. Die Temperatur für die Kernfusionsprozesse liegt höher als 100 Mio. Kelvin.

Auf der Erde  kommt, $^3He$ nur in Spuren vor. Das Magnetfeld der Erde schützt die Erdoberfläche vor den Auswirkungen von Sonnenstürmen und verhindert dadurch, dass die $^3He$- Ionen, die mit den Sonnenstürmen zur Erde getragen werden, die Erdatmosphäre passieren können. Bei der Untersuchung der Mondgesteinsproben der Apollo Missionen stellte man fest, dass in dem lunaren Gestein Regolith hohe Konzentrationen an $^3He$ zu finden sind. Schätzungen lassen vermuten, dass rund 1 Mio. Tonnen $^3He$ auf dem Mond gebunden in dem Gestein vorliegen. Rund 0,01g $^3He$ kommen in 1 Tonne Mondgestein vor.

Da die heutige Raumfahrt noch keine ökonomische Gewinnung dieses Rohstoffes zulässt, ist $^3He$ in großem Maße derzeit noch nicht als Brennstoff nutzbar. Dennoch gibt es Bestrebungen des russischen Raumfahrtunternehmens **RKK Energija** eine dauerhaft besetzte Mondstation zu errichten und mit der Förderung von Rohstoffen bereits im Jahr 2020 zu beginnen *(Stand 2007)*. Gleichzeitig wird an der Verschmelzung von Helium-3 und Deuterium am Fusion Technology Institute (**FTI**), geforscht um die technologischen Grundvoraussetzungen zu schaffen.

Berechnungen des Physikers Gerald Kulcinski vom Fusion Technology Institute der University of Wisconsin in Madison zeigen, dass mit rund 40 Tonnen $^3He$ im Jahr die Vereinigten Staaten von Amerika mit elektrischer Energie versorgt werden können (*Stand 2010*).

Tabelle 3: Brennstoffreaktionen, Energie, Vor- und Nachteile

| Brennstoff | | Reaktionsprodukte | Energie in MeV | Bemerkung |
|---|---|---|---|---|
| | | **Fusionsreaktionen** | | |
| D+ T | → | $^4$He+ n | 17,60 | — geringe Abstoßung der Atome<br>— hohe Energieausbeute |
| D+ D | → | p+ T | 4,00 | — geringe Energieausbeute |
| D+ D | → | n+ $^3$He | 3,30 | — viele störende Nebenreaktionen* |
| p+ T | → | $^4$He+ γ | 19,80 | *Nebenreaktionen die bei D+D Reaktionen |
| D+ $^3$He | → | p+ $^4$He | 18,30 | auftreten. Zusätzlich wird Gamma-Strahlung frei. |
| T+ T | → | 2n+ $^4$He | 11,30 | Nebenreaktionen negativ für Kraftwerksbetrieb |
| $^3$He+$^3$He | → | $^4$He+ 2p | 13,00 | — Energie von p leichter energetisch zu nutzen<br>— $^3$He kommt auf der Erde nur selten vor |
| $^{11}$B+ p | → | 3 $^4$He | 8,70 | — Temperatur 10-mal höher als bei D+T<br>— Einschlusszeit 500-mal länger |

Die langfristige Planung von Fusionsreaktoren sieht vor, dass die 1. Generation D+T Brennstoffe verwenden, die 2. Generation D+$^3$He und die 3. Generation $^3$He+$^3$He als Brennstoff verwenden.

## 5. Reaktorkonzepte

Zu Beginn der 50er Jahre des 20. Jahrhunderts wurden von den damaligen Atommächten USA und der UdSSR ein Verfahren erforscht um die Kraft einer unkontrollierten Kernfusionswaffen- Explosion nutzbar zu machen. Hierbei verfolgten die UdSSR und die USA unterschiedliche Ansätze, die sie im Geheimen separat entwickelten.

In der Sowjetunion entwickelten die Physiker Andrei Sacharow und Igor Jewgenjewitsch Tamm am Kurtschatow- Institut die Grundlagen für einen „*TOKAMAK*- Reaktor".

Zur gleichen Zeit entwickelten die Vereinigten Staaten von Amerika unter dem Projektnamen „*Matterhorn*" einen eigenen Reaktortypen, dessen Design maßgeblich von dem Astrophysiker Lyman Spitzer geprägt wurde. Die erste Versuchsanlage wurde 1951 in der Princeton University im Princeton-Labor für Plasmaphysik gebaut. Der Reaktor ist heute als „*Stellarator*" bekannt und gehört mit dem *TOKAMAK* zu den am weitesten entwickelten Konzepten um Energie aus einer kontrollierten Kernfusion zu erzeugen. Die Reaktortypen verfolgen beide das Prinzip des magnetischen Einschlusses in einem Torus und unterscheiden sich konzeptionell in der Aufrechterhaltung und Förderung des Plasmas. Beide Konzepte, sowohl *TOKAMAK* als auch *Stellarator,* werden national *(Deutschland)* von dem Max-Plank-Institut in zwei Versuchsanlagen weiterentwickelt.

Der *Stellarator* wird in **Greifswald** weiter entwickelt und getestet. Der aktuellste Entwicklungstand ist der *Wendelstein 7-X,* der ab 2014 die Frage klären soll, ob der *Stellarator* kraftwerkstauglich arbeiten kann. Der Stellarator wird lediglich auf nationaler Ebene verfolgt hierzu gibt es kein Internationales Projekt.

Die Versuchsanlage des *TOKAMAK*-Reaktors (*ASDEX Upgrade*) ist seit 1991 in **Garching** nahe München im Betrieb. Die gesammelten Erkenntnisse fließen maßgeblich in die internationalen Gemeinschaftsprojekte *JET* und *ITER* ein, die die Frage klären sollen, ob ein *TOKAMAK*- Reaktor sich für den Kraftwerksbetrieb eignet und dauerhaft betrieben werden kann.

## 5.1 Der Tokamak

In einem *TOKAMAK*-Reaktor wird ein Brennstoffgemisch (*siehe Kapitel 4.3 Die Brennstoffe*) solange erhitzt, bis es vollständig in den Aggregatzustand eines Plasmas übergeht. Die Ladungsträger lassen sich so durch starke Magnetfelder einschließen und in einem Torus stabil *„schwebend"* in der Reaktionskammer halten. Dadurch wird verhindert, dass es zu einem physischen Kontakt mit der Reaktorwand kommt. Dabei macht man sich die Lorenzkräfte zunutze, die geladene Teilchen mit Hilfe von magnetischen Feldern ablenken. Diese magnetischen Felder werden

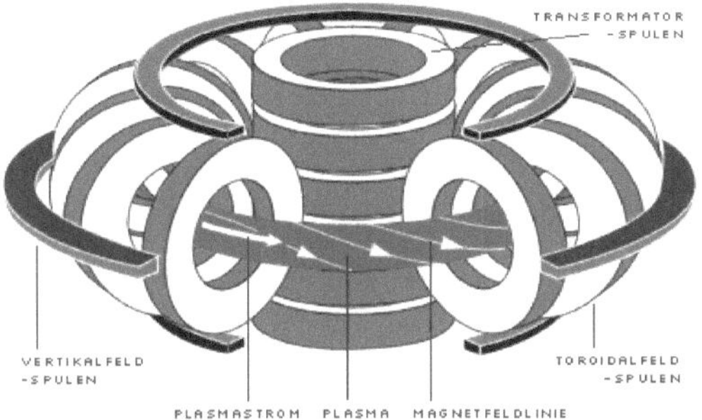


Abbildung 5: Das Magnetfeldsystem eines Tokamak [13]

mit einer Transformatorspule im Kern des Reaktors und mehreren ringförmig um das Plasma angeordneten Vertikalfeldspulen erzeugt.

Das eingeschlossene Plasma wird mittels Ohm'scher Heizungen, Neutralteilcheninjektion, magnetischer Kompression und Mikrowellenheizungen auf über 100 Mio. Kelvin erhitzt (*Deuterium/ Tritium*) um die physikalischen Bedingungen einer Kernfusion zu ermöglichen.

Bei der anschließenden Fusion von zwei Wasserstoffkernen entsteht ein Heliumkern, zusätzlich wird ein Neutron frei. Dieses freie Neutron ist mit einem hohen Energiepotential ausgestattet. Da ein Neutron keinerlei Ladung besitzt, haben die Lorenzkräfte keine Wirkung auf dieses Elementarteilchen und sie können ungehindert den Einschluss passieren.

Die beschleunigten Neutronen treffen mit ihrer kinetischen Energie auf die Reaktorwand und geben bei dem Auftreffen auf diese ihre Energie in Form von Wärme ab. Ein Großteil der Wärmeenergie wird über Wärmetauscher abgeführt und benutzt um Wasser aus der flüssigen Phase in die gasförmige Phase zu überführen. Mit dem erzeugten Wasserdampf werden dann Dampfturbinen versorgt, die an Generatoren gekoppelt sind, die abschließend Energie in Form von Strom zur Verfügung stellen. Die nicht abzuführende Wärmeenergie wird benutzt um das Plasma weiter auf Temperatur zu halten.

Um das Plasma in einem *TOKAMAK* optimal zu schüren muss Strom in das Plasma induziert werden, der sogenannte *„Plasmastrom"*. Durch diesen Plasmastrom beginnt das Plasma im Torus sich zu verdrillen und die Reaktionsprozesse werden stabilisiert. Das Plasma wird als Sekundärspule eines Transformators benutzt umso von außen den Strom in den Reaktor zu induzieren. Dabei müssen je nach Reaktoranlage Ströme von 2 Megaampere beim *ASDEX*

*Upgrade* (*Versuchsanlage des IPP in Garching*) bis 15 Megaampere beim ITER *TOKAMAK* als Sekundärstrom eingeleitet werden.

Ein Transformator kann solche Dauerströme jedoch nur für eine begrenzte Zeit zur Verfügung stellen. Aus diesem Grund kann der benötigte Plasmastrom auch nur für diese Zeit aufrechterhalten werden. Folglich müssen die Transformatoren in zyklischen Abständen ausgeschaltet werden. Wird der Plasmastrom abgeschaltet, geht jedoch der magnetische Einschluss verloren und der Kernfusionsprozess bricht umgehend ab. Daher kann ein so konfigurierter *TOKAMAK* nur im Pulsbetrieb verwendet werden. Das zyklische Ein- und Ausschalten eines Reaktors macht den Betrieb in einem Grundlastmodus zu einer Herausforderung da er nicht kontinuierlich Energie zu Verfügung stellt. Zusätzlich treten an allen Spulen der Anlage große Wechsellasten auf, die durch den zyklischen Betrieb entstehen und die Struktur der gesamten Anlage beanspruchen.

Um ein Tokamak- Reaktor unter Kraftwerksbedingungen zu betreiben gilt es technische Lösungen für multiple Problemstellungen zu erarbeiten. In internationalen Bemühungen wie dem *JET* oder *ITER* fließen die nationalen Erkenntnisse und Erfahrungen ein.

Die Forschungen der folgenden Gebiete müssen vorangetrieben werden um einen Nutzung dieser Technologie als Energiequelle zu gestatten.

- Materialforschungen (Blanket)
- Plasmaphysik/ Thermodynamik des Plasma
- Magnetspulenform/ Magnetspulenmaterialien
- Physik der Plasmarandschicht
- Versorgung mit Fusionsbrennstoff
- Divertor- Studien
- Teilchen- und Energietransport im Zentralplasma
- Theoretische Modelle zu Divertor Physik, Turbulenz und Plasmatransport
- Studien zu Plasmainstabilitäten

## 5.2 Der Stellarator

Der Stellarator wurde zeitgleich wie der *TOKAMAK* entwickelt und verfolgt wie dieser auch das Prinzip des magnetischen Einschlusses um die benötigten Temperaturen für die Kernfusion zu erreichen. Das Prinzip des magnetischen Einschlusses unterscheidet sich bei dem Stellarator jedoch vom *TOKAMAK*. Beim Stellerator wird kein *Plasmastrom* induziert um den Einschluss aufrecht zu erhalten. Aus diesem Grund ist im Gegensatz zum *TOKAMAK* beim Stellarator ein Dauerbetrieb theoretisch möglich. Dafür muss das Plasma jedoch zusätzlich mit einer Mikrowellenheizung kombiniert werden. Statt mit einem Plasmastrom wird die schraubenförmige Verdrillung des Plasmas bei dem Stellarator durch die komplexe Form der supraleitenden Spulen gewährleistet. Dadurch entfällt auch die Transformatorspule wie bei einem *TOKAMAK* (*siehe Abbildung 5*). Die supraleitenden Spulen sind im Querschnitt betrachtet wie die Ziffer 8 geformt und unterstützen die Konvektion des Plasmas. Durch diese komplexe Bauform geht die Symmetrie verloren, was eine Fertigung der Komponenten in Serienfertigung oder als Standardkomponenten nur beschränkt zulässt.

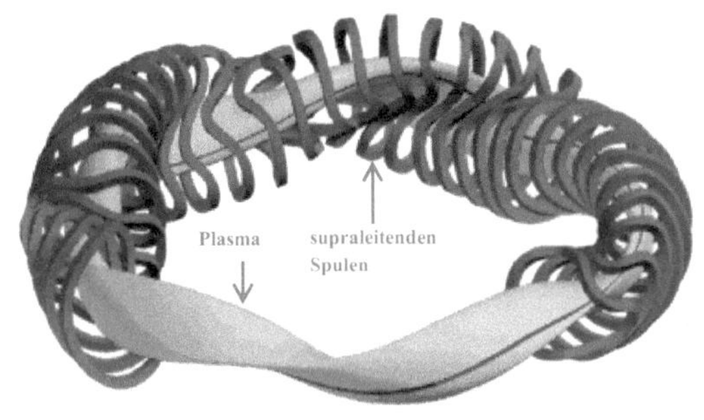

Abbildung 6: Spulenform und Plasmaform eines Stellarators [6]

Die Magnetspulen bestehen aus Niob und Titan und werden in einem heliumdichten Mantel mit flüssigem Helium auf 4 Kelvin gekühlt, wodurch die Materialien supraleitend werden. Die Reaktorkammer unterstützt in der Bauform die Komplexität des verdrillten Plasmas, deren Fertigung und Entwicklung ebenfalls nur mit Hilfe moderner Simulationssoftware möglich ist.

Der Reaktor wird anders als beim *TOKAMAK* von außen mit Tritium und Deuterium versorgt. Dazu wird der Brennstoff mittels Neutralteilcheninjektion, Gaseinblasen vom Gefäßrand oder Pellet-Injektion in das Plasma eingebracht. Vor allem das Pellet-Injektionsverfahren stellt sich als vielversprechend heraus, da die Plasmadichte gezielt beeinflusst werden kann um die Konvektion des Plasmas zu optimieren. Bei der Pellet-Injektion wird das Wasserstoffgas so stark abgekühlt, dass sich Eispellets von einigen Millimetern Größe bilden. Mit Hilfe einer Helium- Druckkanone oder einer Zentrifuge werden diese Eispellets beschleunigt und so in das Plasma injiziert.

Der *Stellarator* ist zusätzlich mit einem Divertor ausgestattet, der die „Asche" des Fusionsprozesses auffängt und nach außen schleusen kann. Die Helium-Ionen werden mittels Hilfsmagnetfeldern abgelenkt. Dabei verlieren sie Energie und können so anschließend durch die Aufnahme von Elektronen zu neutralem Helium umgewandelt werden.

Abbildung 7: Endfertigung einer der 50 supraleitenden Magnetspulen für die Fusionsanlage Wendelstein 7-X [6]

Danach kann das Helium über Vakuumpumpen aus der Reaktorkammer geführt werden. Der Divertor muss zusätzlich gekühlt werden und mit Prallschutzplatten geschützt werden um ihn vor zerstörerischen Neutronen zu schützen. Da bei der Fusion von Deuterium und Tritium die Oberflächen der Reaktorwände mit Strahlung konterminiert werden, muss diese wie der Divertor modular konzipiert werden um die Komponenten im Bedarfsfall durch Robotertechnik austauschen zu können. Die Stromgewinnung im Stellarator erfolgt wie beim *TOKAMAK* auch durch die freiwerdenden beschleunigten Neutronen, die beim Auftreffen auf die Reaktorwand ihre Energie in Form von Wärme abgeben. Anschließend wir diese Wärme beim Stellarator über Wärmetauscher, Turbinen und Generatoren in elektrische Energie umgewandelt.

Tabelle 4: Stellaratoren des IPP im Vergleich

| Stand 04-2012 | Stellarator | | |
|---|---|---|---|
| Technische Daten: | Wendelstein 7-AS | Wendelstein 7-X | Einheit |
| Gesamthöhe des Experimentes | -- | -- | m |
| Großer Plasmaradius | 2 | 5,5 | m |
| Kleine Plasmaradien | 0,2 | 0,53 | m |
| Magnetfeld | 2,5- 3,5 | 3 | T |
| Plasmastrom | keinen | keinen | MA |
| Pulsdauer | 5 Sekunden | 30 Minuten, Dauerbetrieb mit Mikrowellenheizung | -- |
| Plasmaheizung | 5,6 | 14 | MW |
| Plasmavolumen | 1 | 30 | m³ |
| Plasmamenge | < 1 | 5 bis 30 | mg |
| Plasmazusammensetzung | Deuterium, Tritium | Protium, Deuterium | -- |
| Plasmatemperatur | 15- 60 Mio. | 60-100 Mio. | °C |

# 6. Forschungsprojekte

## 6.1 JET

Der Joint European Torus (JET) ist das erste international, geförderte Projekt um die

Kernfusion gemeinsam zu einer nutzbaren Energiequelle zu entwickeln. Nachdem sich Ende der 60er Jahre zeigte, dass sich der

Abbildung 8: Joint European Torus Komplex in Culham in Großbritannien[25]

*TOKAMAK* als erfolgversprechendes Prinzip durchsetzte, wurde eine Gemeinschaftsentwicklung eines *TOKAMAKs* angestrebt. Der JET wurde 1973 von den Mitgliedern der Europäischen Gemeinschaft beschlossen. Im Jahr 1977 begann die Planungsphase zu dem Bauvorhaben mit der Festlegung des Standortes Culham in Großbritannien. Am 9. April 1984 wurde der Bau eingeweiht und der JET konnte offiziell seine Forschungsarbeit aufnehmen.

Im Juni 1983 konnte im JET das erste Plasma in der Anlage erzeugt werden. Ziel des Projektes war es Plasmen in der Nähe der Zündung zu untersuchen und sich dem Zündpunkt des Plasmas weiter zu nähern. Zu diesem Zeitpunkt war ein „*Fusionsfeuer*" technologisch in weiter Ferne. Es dauerte 8 Jahre bis in der Anlage das erste Mal eine Fusion jenseits des Millisekunden-Bereiches erfolgreich stabilisiert werden konnte.

Am 09. November 1991 gelang es den Wissenschaftlern des Joint European Torus erstmals eine Kernfusion für zwei Sekunden erfolgreich zu stabilisieren. Der Versuchsreaktor lieferte dabei eine Leistung von 1,8 MW aus den Brennstoffen Deuterium und Tritium.

Der *JET* stand in Rivalität zum *TFTR* (Tokamak Fusion Test Reactor) in Princeton USA, was ein rasches Fortschreiten der Plasma-Forschung zur Folge hatte. 1997 konnte mit einer Tritium/ Deuterium Mischung (50:50) eine Leistung von 13 MW generiert werden, wobei eine Heizleistung von 24,6 MW aufgebracht wurde. Dabei konnten 65% der aufgewendeten Heizenergie durch die Kernfusion zurück gewonnen werden.

Der JET wurde für eine Betriebsdauer von 15 Jahren konzipiert, somit sollte im Jahr 1999 der Betrieb eingestellt werden. Zum Jahrtausendwechsel war das Folgeprojekt International Thermonuclear Experimental Reaktor (*ITER*) jedoch noch nicht weit genug fortgeschritten und es zeigte sich bei dem Betrieb der JET Anlage, dass es noch eine Vielzahl an Aufgaben zu lösen gilt, bevor man den nächsten Schritt in Richtung Kraftwerksbetrieb gehen kann.

Zu diesem Zweck wurde 1999 das **E**uropean **F**usion **D**evelopment **A**greement (EFDA) gegründet, das die Aufgabe hat die Bemühungen der Kernfusionsforschung zu organisieren. Der EFDA sind 35 Forschungseinrichtungen aus 25 Nationen angeschlossen. (*Stand 04-2012*)[24] Das Ziel des EFDA ist es die technischen und theoretischen Grundlagen für den ITER zu schaffen. Dazu wurde der Joint European Torus in der Zeit von 2009 bis 2011 auf den zukünftigen Stand des ITERs umgebaut.

Tabelle 5: Übersicht über die TOKAMAK Reaktoren in Europa

| Stand 04-2012 | TOKAMAK | | | |
|---|---|---|---|---|
| Technische Daten: | ASDEX Upgrade | JET | ITER | Einheit |
| Gesamthöhe des Experimentes | 7,0 | -- | 30,0 | m |
| Großer Plasmaradius | 1,6 | 3,0 | 6,2 | m |
| Kleine Plasmaradien | 0.5 bis 0.8 | 1,25 bis 2,10 | 2,0 | m |
| Magnetfeld | 3,9 | 3,4 | 5,3 | T |
| Plasmastrom | 2,0 | 3,2 bis 4,8 D-Form | 15,0 | MA |
| Pulsdauer | 10 Sekunden | 20- 60 Sekunden | $\geq$ 400 Sekunden | -- |
| Plasmaheizung | 27 | 50 | 73 | MW |
| Plasmavolumen | 14 | 100 | 837 | m³ |
| Plasmamenge | 3 | -- | 500 | mg |
| Plasmazusammensetzung | Protium, Deuterium | Wasserstoff, Deuterium, Tritium | Deuterium, Tritium | -- |
| Plasmatemperatur | 100 Mio. | 250 Mio | 100 Mio. | °C |

Die Umbauten wurden gerechtfertigt durch den Umstand, dass der Joint European Torus der einzige Reaktor weltweit ist, der mit den Brennstoffen Deuterium und Tritium experimentiert und betrieben wird. Da der ITER ebenso ein Deuterium/ Tritium Reaktor wird, erhielt der JET somit ein neues Forschungsgebiet. Er soll Werkstoffe und Konfigurationen testen, die dann Verwendung im ITER finden sollen. Aus diesem Grund wurde zusammen mit dem Max-Plank-Institut für Plasmaphysik (IPP) der Joint European Torus modernisiert und erweitert.

Im Oktober 2009 begannen die Umbauarbeiten an dem Joint European Torus. Die Reaktorwandplatten wurden ausgetauscht und wie bei dem zukünftigen ITER- Reaktor durch Platten aus Wolfram und Beryllium ersetzt. Die Heizleistung wurde auf insgesamt 50 MW Leistung ausgebaut und Systeme für die Plasmadiagnostik wurden modernisiert. Im August 2011 wurden die Umbaumaßnahmen abgeschlossen und der Joint European Torus wurde auf einem ähnlichen Stand wie beim zukünftigen ITER ausgebaut.

Der Joint European Torus wird mindestens bis zur Fertigstellung des ITER in Betrieb bleiben und so die Möglichkeit für weitere notwendige Voruntersuchungen bieten.

## 6.2 ITER

Der International Thermonuclear Experimental Reaktor (ITER) ist das zurzeit modernste und fortschrittlichste Projekt, eines *TOKAMAK*, zur Energieumwandlung aus der Kernfusion. ITER ist einerseits die Abkürzung für International Thermonuclear Experimental Reaktor, bedeutet aber auch im lateinischen „*der Weg*".

Der International Thermonuclear Experimental Reaktor wurde bereits 1985 von den damaligen Staatschefs François Mitterrand (Frankreich), Ronald Reagan (USA) und Michail Gorbatschow (Sowjetunion) beschlossen. Sie sahen in der internationalen Zusammenarbeit die Möglichkeit das Bestreben die Kernfusion in eine nutzbare Energiequelle zu verwandeln effizienter voranzutreiben und die Kosten für die Entwicklung und Forschung zu teilen. Für die Konzeptionierung und die ersten Entwürfe wurde das Max-Plank-Institut für Plasmaphysik (IPP) beauftragt. In einer 2 jährigen Konzeptionsphase entwickelte das IPP einen ersten Entwurf, den sie im Dezember 1990 vorlegten. Die Machbarkeitsstudie war vielversprechend, sodass im Juli 1992 mit der Detailplanung an drei Standorten begonnen wurde, San Diego (USA), Naka (Japan) und Garching (Deutschland).

Abbildung 9:Prototyp eines Plasmagefäß-Bauteils in Originalgröße gemäß dem ITER-Entwurf von 1998 - gebaut in Japan. (Foto: ITER)

In den folgenden 6 Jahren waren die 3 Standorte für unterschiedliche Themengebiete verantwortlich. In San Diego wurden Sicherheitsuntersuchungen durchgeführt. Gleichzeitig befand sich dort der Sitz des Aufsichtsgremiums. Am Standort Naka wurden die supraleitenden Magnetspulen und die Abstützungen entwickelt. Das Max-Plank-Institut für Plasmaphysik war mit der Entwicklung der Komponenten im Plasmagefäß verantwortlich wie dem Blanket und dem Divertor.

1998 wurde die Detailplanung in einem Abschlussbericht der ITER- Kommission vorgelegt. Dieser Bericht zeigte, dass die wissenschaftlichen und technischen Grundlagen für das Vorhaben gegeben waren. Lediglich bei den Baukosten zeigte sich, dass das Vorhaben sehr kostenintensiv wird. Nach dem Bericht wurden relevante Bauteile, wie ein Segment der Reaktorkammer als Prototypen in Auftrag gegeben (*siehe Abbildung 10*). Die hohen Baukosten führten dazu, dass sich einer der Hauptakteure, die USA, im Jahr 1999 aus dem Bauvorhaben zurückzog. Die verbliebenen Projektpartner überarbeiten die Entwurfsunterlagen erneut um Kosten einzusparen ohne jedoch die relevanten Komponenten zu verändern. Im Jahr 2003 entschlossen sich die USA wieder am ITER-Projekt teilzunehmen und China und Südkorea traten dem Bund bei.

## 6.2.1 Standort

Im Jahr 2005 wurde der Standort für die Versuchsanlage beschlossen. Beworben haben sich Kanada, Japan, Spanien und Frankreich. Eine Bewerbung Deutschlands am Standort in Garching wurde von Bundeskanzler Helmut Kohl befürwortet, jedoch von Bundeskanzler Gerhard Schröder 2003 zurückgezogen.

Mit dem endgültigen Beschluss am 28. Juni 2005 das Bauvorhaben in dem südfranzösischen Cadarache umzusetzen, konnten die Gespräche zur Finanzierung des Bauvorhabens konkretisiert werden.

## 6.2.2 Vertragspartner und Finanzierung

Am 24. Oktober 2007 trat der ITER-Vertrag endgültig in Kraft mit der offiziellen Gründung der ITER-Organisation. Die ITER-Organisation besteht derzeit aus den Partnern EU, China, Indien, Japan, Südkorea, Russland und den USA. Der Baubeginn der Anlage war im Jahr 2009, der Forschungsbetrieb soll 2018 aufgenommen werden können. Der ITER gerät in

Abbildung 10: ITER Logo

der Öffentlichkeit oft in Kritik, da seine Baukosten sich innerhalb von 2 Jahren fast verdreifacht haben. Im Jahr 2008 lagen die veranschlagten Kosten bei 5,9 Milliarden Euro. Diese sollen zu 5/11 von der EU getragen werden, wobei sich Frankreich mit 2/11 an den gesamten EU Kosten beteiligt und die Infrastruktur für die gesamte Anlage schaffen muss. Die anderen Vertragspartner tragen je 1/11 der Baukosten, die sowohl als Geldleistungen als auch als Sachleistungen geleistet werden. Die Schweiz unterstützt das Forschungsprojekt mit 8 Mio. CHF jährlich.

Im Mai 2010 gab die EU bekannt, dass ihr Anteil von 2,7 Milliarden Euro auf 7,2 Milliarden Euro steigen wird, da die Rohstoffkosten gestiegen sind (*Stand 11.2011*). Da die EU einen Anteil von 45% aufbringen muss, entsprechen die neuen Gesamtkosten rund 16 Milliarden Euro. Daraufhin deckelte die EU ihren Anteil auf max. 6,6 Milliarden Euro.[27] Zusätzlich werden jährliche Betriebskosten einschließlich Rückstellungen für den Rückbau der Anlage nach Beendigung des Projektes von rund 600-800 Mio. Euro benötigt, was bei einer geplanten Laufzeit von 20 Jahren eine zusätzliche Summe von rund 12-16 Milliarden Euro notwendig macht.

Da es keinen gemeinsamen Finanzfond gibt, gibt es auch kein übergeordnetes Gremium, was die Entwicklungskosten und Ausgaben überwacht. Jeder Vertragspartner ist nur verpflichtet seine Komponenten termingerecht zu entwickeln und zu liefern.

### 6.2.3 Daten und Ziele des ITER Projektes

Der ITER Reaktor ist eine Machbarkeitsstudie für den Folgereaktor (**DEMO**) **Demo**nstration Power Plant, der zum ersten Mal Strom in ein Stromnetz speisen soll. Der ITER besitzt noch kein System, das es ermöglicht die Energie aus dem Reaktor zu führen um mit ihr Wasserdampf zu erzeugen und daraus Strom zu generieren. Der ITER-Reaktor hat eine rechnerische Leistung von *500-700 MW* Leistung und kann das 7-10 fache der benötigten Heizleistung von 73 MW als Output liefern.

<u>Zum Vergleich:</u> ein EPR Kernspaltungs-Reaktor, der größte Kernspaltungsreaktor der französischen Firma Areva, hat eine Leistung von 1600 MWh. Ein Reaktor wird in der Kraftwerkskonfiguration als Block bezeichnet. Kraftwerke bestehen in der Regel aus 2-8 Blöcken je nach Anforderung und Auslegung des Kraftwerkes. [26]

Beim ITER sollen nach Fertigstellung 2018 rund 1000 Wissenschaftler, Ingenieure und Techniker an der Kernfusion forschen[29]. Der ITER wird als Versuchsreaktor oft Ruhepausen haben, da die Versuchsanordnungen häufig erst geschaffen werden müssen um einzelne Untersuchungen durchzuführen. Ein Ziel ist es zu untersuchen, ob sich bei größeren Plasmaeinschlüssen auch höhere Temperaturen realisieren lassen, da sich das Verhältnis von Oberfläche zu Volumen verändert. Dieser gedankliche Ansatz stammt aus der Biologie, die sogenannte Bergmannschen Regel.

Die folgenden Forschungsgebiete werden von dem ITER Projekt weiter verfolgt[28]:

- Fernbediente Divertor Handhabung/ Blanket-Auswechseln
- Divertor Tribologie- und Materialforschung
- Deuterium/ Tritium Forschungen für optimale Mischungsverhältnisse
- Blanket Tribologie- und Materialforschung
- Modelle der Magnetspulen testen und Materialien (Ni-Zn) optimieren
- Vakuumversieglung des Plasmagefäß und Materialforschung

Für das Jahr 2027 ist die erste Fusion von Deuterium und Tritium geplant, die zeigen soll, ob sich eine Großanlage für den Fusionsbetrieb mit diesen Brennstoffen grundsätzlich eignet. Zu diesem Zeitpunkt etwa sollen die Baumaßnahmen für die Folgeanlage, dem Demonstration Power Plant kurz DEMO, beginnen. In der Abbildung 11 werden die derzeitigen zeitlichen Planungen für die Projekte ITER und DEMO dargestellt.

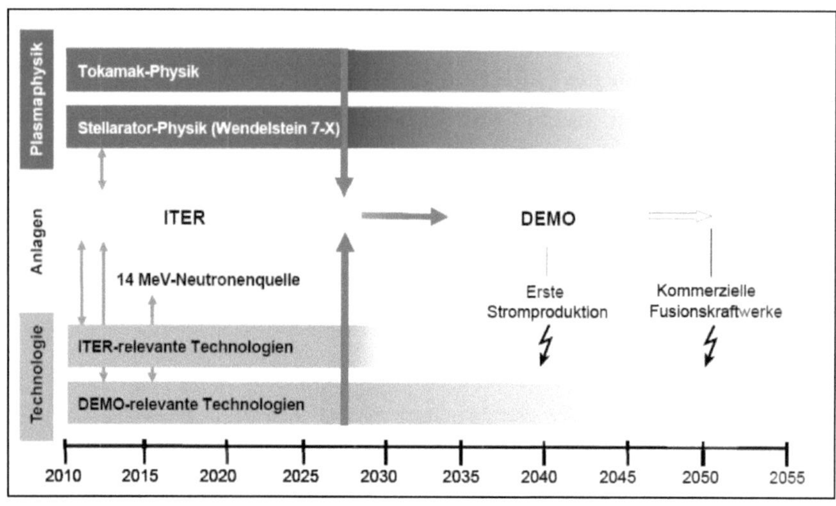


Abbildung 11: Verlauf der internationalen Kernfusions-Reaktoren (Stand September 2011)

## 6.3 DEMO

Der DEMO Reaktor ist ein geplanter TOKAMAK-Reaktor, dem noch keinerlei Beschluss oder vertragliche Ratifizierung zu Grunde liegt. Mit dem Bau des DEMO soll 2024-2027 begonnen werden. Seine Bauzeit soll rund 6 Jahre in Anspruch nehmen.

Dieses Kraftwerkskonzept wird mit allen Komponenten versehen sein, die ein Kraftwerksbetrieb erfordert und das einspeisen von elektrischer Energie in ein Stromnetz ermöglichen. Die Anlage soll eine elektrische Leistung von 2000 MWh bereitstellen können, wobei das Plasmagefäß ca. 50% größer als das des ITER sein wird und eine rund 30% höhere Plasmadichte erzeugen soll. Die ITER Kommission sprach bereits 2006 eine Empfehlung für den zukünftigen Standort Japan aus.

Zeigt sich, dass der ITER und der DEMO für den Dauerbetrieb geeignet sind und wirtschaftlich arbeiten, können die ersten kommerziellen Fusions-Kraftwerke für das Jahr 2050 in Aussicht gestellt werden um dann heutige Kraftwerksanlagen, die mit Kohle, Erdöl, Gas, Uran oder Plutonium betrieben werden, zu ersetzen.

## 6.4 Wendelstein 7-X

Obwohl die Stellaratoren eine vielversprechende Alternative zu den TOKAMAK-Reaktoren darstellten, wurde Ende der 60er Jahre des letzten Jahrhunderts die Weiterentwicklung des Stellarators vorübergehend eingestellt. Die Ursache dafür lag darin, dass die Berechnung der optimalen Form der Feldspulen, die für die Funktion des Stellarators notwendig sind, aufgrund der fehlenden Rechenkapazitäten schlicht nicht möglich war. Zudem erreichte die Sowjetunion etwa zeitgleich mit dem TOKAMAK die benötigten Temperaturn von 100 Mio. Kelvin, so dass die Wissenschaftler in den USA 1958 auf das TOKAMAK-Prinzip aufmerksam wurden. Das führte dazu, dass die bis dahin ausschließlich von den USA getriebene Stellarator-Forschung vorübergehend zum Stillstand kam. Durch die besser zu beherrschende Symmetrie und dem weniger komplexen Aufbau stellte der TOKAMAK eine geringere technische Hürde dar und wurde so schnell zum favorisierten Prinzip weltweit.

Erst Ende der 80er Jahre des 20. Jahrhunderts war es mit dem Aufkommen der Computertechnik möglich die Schwierigkeiten der komplexen Berechnungen teilweise zu lösen. Aus diesem Grund entschloss man sich 1982 mit dem Bau eines neuen Stellarators in Garching (Deutschland) zu beginnen. Mit dem Projekt *Wendelstein 7-AS*, das 1988 fertig gestellt wurde, sollten die technischen Möglichkeiten des Stellarators ausgelotet werden. Durch den Fortschritt im Bereich der Plasmaphysik und den Forschungsergebnissen der TOKAMAK-Versuche konnten mit dem Stellarator ebenso erfolgreiche Fusionsprozesse erzeugt werden.

Auf Grund der Weiterentwicklung der Computertechnik und den gesammelten Erkenntnissen und Erfahrungen aus 12 Jahren Stellarator-Forschung wurde zum Jahrtausendwechsel klar, dass der *Wendelstein 7AS* an seine technischen Grenzen gestoßen ist. Aus diesem Grund wurde im Jahr 2002 dieses Projekt am Standort Garching eingestellt.

Zu diesem Zeitpunkt war die Planung für den Nachfolger dem *Wendelstein 7-X* bereits im Gange und im Jahr 2005 wurde mit dem Bau der neun Versuchsanlage *Wendelstein 7-X* in Greifswald (Deutschland) begonnen, in die die Erkenntnisse und

Abbildung 12: Konstruktion Wendelstein 7-X Querschnitt Fusionskammer zu erkennen sind die Magnetspulen, Reaktorkammer und die äußere Hülle [6]

Erfahrungen des *Wendelsteins 7-AS* und die fortgeschrittene Computertechnik einfließen und ihre praktische Umsetzung finden sollen. Der Bau soll 2014 fertig gestellt werden (*Stand 2012*) und ist dann die weltweit größte Anlage des Typs Stellarator.

Die Versuchsanlage *Wendelstein 7-X* kann als Plan-B gesehen werden, wenn sich die technischen Hürden des *TOKAMAK*s als gänzlich unüberwindbar herausstellen sollten. Hierfür beteiligen sich führende Forschungseinrichtungen aus aller Welt um modernste Technologien und Erkenntnisse beizusteuern und weiter zu entwickeln. So wird der Bau der Versuchsanlage *Wendelstein 7-X* durch viel nationale und internationale Forschungszentren und Institute unterstützt. Zu diesen gehören:

- Karlsruher Institut für Technologie
- Institut für Plasmaphysik der Universität Stuttgart
- Forschungszentrum Jülich
- Institut für Kernphysik in Krakow (Polen) [Montage der Anlage]
- Forschung am Institut für Energieforschung Jülich
- Technische Universität Berlin
- Universität Greifswald

Zu den wichtigsten Forschungsgebiete des *Wendelstein 7-X* gehören:
- Grundsätzliche Eignung als Kraftwerksreaktor
- Dauerstrich-Betrieb
- Materialforschungen (Divertor, Reaktorkammer)
- Plasmaforschung (Plasmadichte, Plasmafluss)
- Supraleitende Spulen (Herstellung, Optimierung)
- Brennstoffnachfüllung
- Robotertechnik
- Thermische Isolation des Plasmagefäßes

Die Finanzierung des *Wendelstein 7-X* wird zu **33%** mit EU- Fördergeldern und zu **60%** aus dem Staatshaushalt der Bundesrepublik Deutschland finanziert. Zusätzlich kommen **7%** der Gelder aus dem Landeshaushalt von Mecklenburg- Vorpommern. In der Planungsphase 2002 wurden die zu erwartenden Kosten auf 423 Mio. Euro geschätzt. Nach aktuellen Schätzungen vom Dezember 2011 werden sich die Kosten zur Fertigstellung 2014 auf rund 800 Mio. Euro belaufen. Im Jahr 2011 beteiligte sich das US-Amerikanische Energieministerium mit 7,5

Mio. Euro an dem Projekt *Wendelstein 7-X* im Rahmen eines Projektes zur Förderung von Fusionstechnologien.

Aktuell werden weltweit 4 Stellaratoren betrieben oder gebaut, an denen geforscht und entwickelt wird. Die Tabelle 6 gibt eine Übersicht über die aktuellen Stellarator-Projekte. Die Versuchsanlage in Greifswald wird die größte und modernste ihrer Art sein.

Tabelle 6: Weltweite Stellarator Projekte im Überblick

| Weltweite Forschungsprojekte Stellarator | | | |
|---|---|---|---|
| **Abkürzung** | **Bezeichnung** | **Standort** | **Betriebsdauer** |
| -- | Wendelstein 7-X | Deutschland, Griefswald- Max-Planck-Instituts IPP | Bauzeit 2005-2014 |
| -- | Wendelstein 7-AS | Deutschland, Garching- Max-Planck-Instituts IPP | 1988- 2002 |
| LHD | Large Helical Device | Japan, Toki-shi | 1998- Jetzt |
| NCSX | National Compact Stellarator Experiment | USA, Princeton- Princeton University | 2003- 2008 |
| CNT | Columbia Non-Neutral Torus | USA, New York- Columbia University | 2004- Jetzt |
| TJ-II | The flexible Heliac | Spanien, Madrid- IEMAT- Intitute | 1986- Jetzt |

*Stand 04-2012*

## 7. Fazit

Nach mehr als 60 Jahren Forschung auf dem Gebiet der Kernfusion haben die Wissenschaftler und Institute weltweit bereits beträchtliche Erfolge auf dem Gebiet der Kernfusion erzielt. Jedoch mit weiteren Erkenntnissen tuen sich auch neue Fragen auf, die es gilt zu beantworten.

Durch die internationale Zusammenarbeit von Nationen wie China, USA und der Russische Föderation, die zwar politisch unterschiedliche Ziele verfolgen, ihre Konflikte jedoch hinten an Stellen um ein gemeinsames Ziel voran zu bringen. Durch die Zusammenarbeit werden immer wieder neue Ansätze und Lösungen entwickelt, die das Entwickeln einer alternativen Energiequelle in den Bereich des Möglichen rücken lassen.

In Anbetracht dessen, dass Deutschland seine Energie zu rund 60% aus den fossilen Brennstoffen Kohle, Gas und Erdöl und zu rund 23% aus Kernenergie generiert, brauchen wir einen adäquaten und grundlastbeständigen Ersatz. Abgesehen von den fossilen Brennstoffen Kohle, Gas und Erdöl sind auch die weltweiten Reserven an Uran begrenzt. Da die Brennstoffe für eine Kernfusion nahezu unbegrenzt zur Verfügung stehen oder erzeugt werden können, birgt die Kernfusion das Potential in Zukunft die heute konventionellen Brennstoffträger abzulösen und eine Energiewende herbeizuführen. Da die Regenerativen Energien wie Windenergie, Gezeitenenergie und Solarenergie nur zyklisch Energie zur Verfügung stellen, werden alternative Speichersysteme und Alternativen benötigt, die eine ständige Grundversorgung mit Energie ermöglichen.

Betrachtet man den Umstand, dass in 1g Deuterium/Tritium potentiell 89000 kWh Energie stecken und die Bundesrepublik Deutschland 2011 einen Energiebedarf von 540,8 TWh hat so würde man rechnerisch den Energiebedarf mit 6076kg/á des Brennstoffes gewinnen können. Bei dieser Rechnung sind eventuelle Verluste und der Wirkungsgrad einer Fusionsanlage nicht berücksichtigt. Legt man einen Wirkungsgrad eines modernen Kernkraftwerkes von 35% zu Grunde, würde sich die jährliche Fusionsmasse auf 10026kg/á erhöhen. Was eine tägliche Fusionsmasse von 27,5kg und eine stündliche Fusionsmasse von 1,14kg nötig werden ließ.

Anderseits muss erwähnt werden, dass das bei der Kernfusion zum Einsatz kommende Tritium ein heikler Brennstoff ist, dessen genaue Toxizität und Gefahrenpotential noch untersucht werden muss. Auch wenn bei dem Kernfusionsprozess selber kein radioaktiver Abfall entsteht, wie es bei den Brennstäben in einem Kernspaltungskraftwerk der Fall ist, werden die Wände durch den permanenten Beschuss von Neutronen aktiviert und mit Strahlung kontaminiert. Die Entsorgung, Lagerung und Handhabung dieser kontaminierten Reaktorwände bedarf noch weiterer Untersuchungen und Forschung.
Die Sorge vor einer Kernschmelze wie bei einem Kernkraftwerk ist bei einer Kernfusion nicht berechtigt, da ein Fusionsplasma ohne den magnetischen Einschluss sofort kollabiert und der Fusionsprozess damit unterbrochen werden kann.

Die Komplexität einer Kernfusion lässt jedoch keine Entwicklung über Nacht zu und die heutigen Anlagen sind nach wie vor Testanlagen. Von der Nutzung als Fusionskraftwerk ist die Welt nach heutigem Entwicklungsstand noch rund 40 Jahre entfernt.

**Literaturverzeichnis**

[1] www.stern.de/... /h-bombe-die-erste-wasserstoffbombe-hiess-mike-512695.html *(04-2012)*

[2] www.de.wikipedia.org/wiki/Ivy_Mike#Die_Bombe *(04-2012)*

[3] Thomas Meisl: *Kernfusion - Ein Überblick*, 1. Auflage, GRIN Verlag, 2003

[4] Formeln und Tabellen, 9.Auflage, PAETEC Verlag, 1996

[5] www.muenchnerwissenschaftstage.de/.../Hasinger_Stand_der_Fusionstechnik.pdf *(03-2012)*

[6] www.ipp.mpg.de *(04-2012)*

[7] www.kernfragen.de/kernfragen/physik/.../2-3 Massendefekt.php#id2602709 *(03-2012)*

[8] www.de.wikipedia.org/wiki/Lise_Meitner *(03-2012)*

[9] www.uni-protokolle.de/Lexikon/Tunneleffekt_(Physik).html *(04-2012)*

[10] www.de.wikipedia.org/wiki/Otto_Hahn *(04-2012)*

[11] www.unibw.de/eit2/Forschung/arbeitsgebiet/plasma-definition *(05-2012)*

[12] www.de.images.search.yahoo.com *(04-2012)*

[13] www.iter.org/ *(04-2012)*

[14] www.ipp.mpg.de/ippcms/de/pr/exptypen/tokamak/index.html *(04-2012)*

[15] www.de.wikipedia.org/wiki/Wasserstoff#Atomarer_Wasserstoff *(04-2012)*

[16] www-fusion.ciemat.es/fusionwiki/index.php/TJ-II *(04-2012)*

[17] www.babcocknoell.de/de/magnete-fuer-die-fusion.57.html *(04-2012)*

[18] www.energia.ru/english/index.html *(04-2012)*

[19] www.bdew.de/internet.nsf/id/DE_Home *(04-2012)*

[20] www.kit.edu/index.php *(04-2012)*

[21] www.naka.jaea.go.jp/ITER/official-J/divertor.htm *(04-2012)*

[22] www.efda-taskforce-pwi.org/ *(04-2012)*

[23] www.ec.europa.eu/research/energy/euratom/fusion/at-a-glance/index_en.htm *(04-2012)*

[24] www.efda.org/efda/organisation/associates *(05-2012)*

[25] www.efda.org/jet/organisation *(05-2012)*

[26] www.de.areva.com/DE/areva-deutschland-310/reaktoren.html*(05-2012)*

[27] www.ec.europa.eu/research/energy/..../pdf/iter_communication_may_2010_de.pdf *(05-2012)*

[28] www.ipp.mpg.de/ippcms/de/presse/archiv/13_99_pi.html *(05-2012)*

[29] www.de.wikipedia.org/wiki/ITER#Geplante_Folgeprojekte *(05-2012)*

[30] www.ipp.mpg.de/ippcms/de/pr/publikationen/pdf/fusion_d.pdf *(05-2012)*

# Abbildungsverzeichnis

Seite



# Tabellenverzeichnis

Seite